诺亚方舟生物多样性保护丛书

SEE 金沙江土著鱼

谭德清　萧　今　编著
柏　松　施念璐　绘

云南出版集团
云南科技出版社
·昆明·

序

阿拉善 SEE 西南项目中心于 2013 年启动了中国西南山地高山原始森林保育和生物多样性保护项目，以“SEE 诺亚方舟”命名，在北京市企业家环保基金会平台上筹资。对于濒危、珍稀和极小种群的动植物，我们采取多方联手合作、基于自然的解决方案、基于社区的保护行动，推动保护和可持续利用当地生物资源的项目。

《SEE 亚洲象》《SEE 滇金丝猴》《SEE 绿孔雀》《SEE 金沙江土著鱼》和《SEE 中华蜂》中的故事，都是项目一线团队的实际经历。无论是其中的动物还是人，其神奇经历、乡土之恋、互动情感，等等，都鲜为人知却又是美妙而真实的体验。我们把这些经历创做成彩色绘本，让远方的朋友们了解，他们所支持的保护实景中，有着让人牵肠挂肚、依恋不舍的故事。

绘本是集体创作的成果，其中的主角、环境、同域动物朋友和科学知识点，都是从项目实施中精心挑选出的实景和经历。绘本由保护者、科学家、社会学家、文学家、艺术家一起创作而成，希望大家喜欢！

我们向为保护自然付出努力的工作人员致敬，并感恩资助了生物多样性保护项目的阿拉善 SEE 生态协会的会员和公众。这套绘本也将为在昆明举办的《生物多样性公约》第十五次缔约方大会 COP15，增添一抹亮色。

阿拉善 SEE 西南项目中心秘书长

SEE 诺亚方舟项目委员会执行主席

2021 年 6 月

01

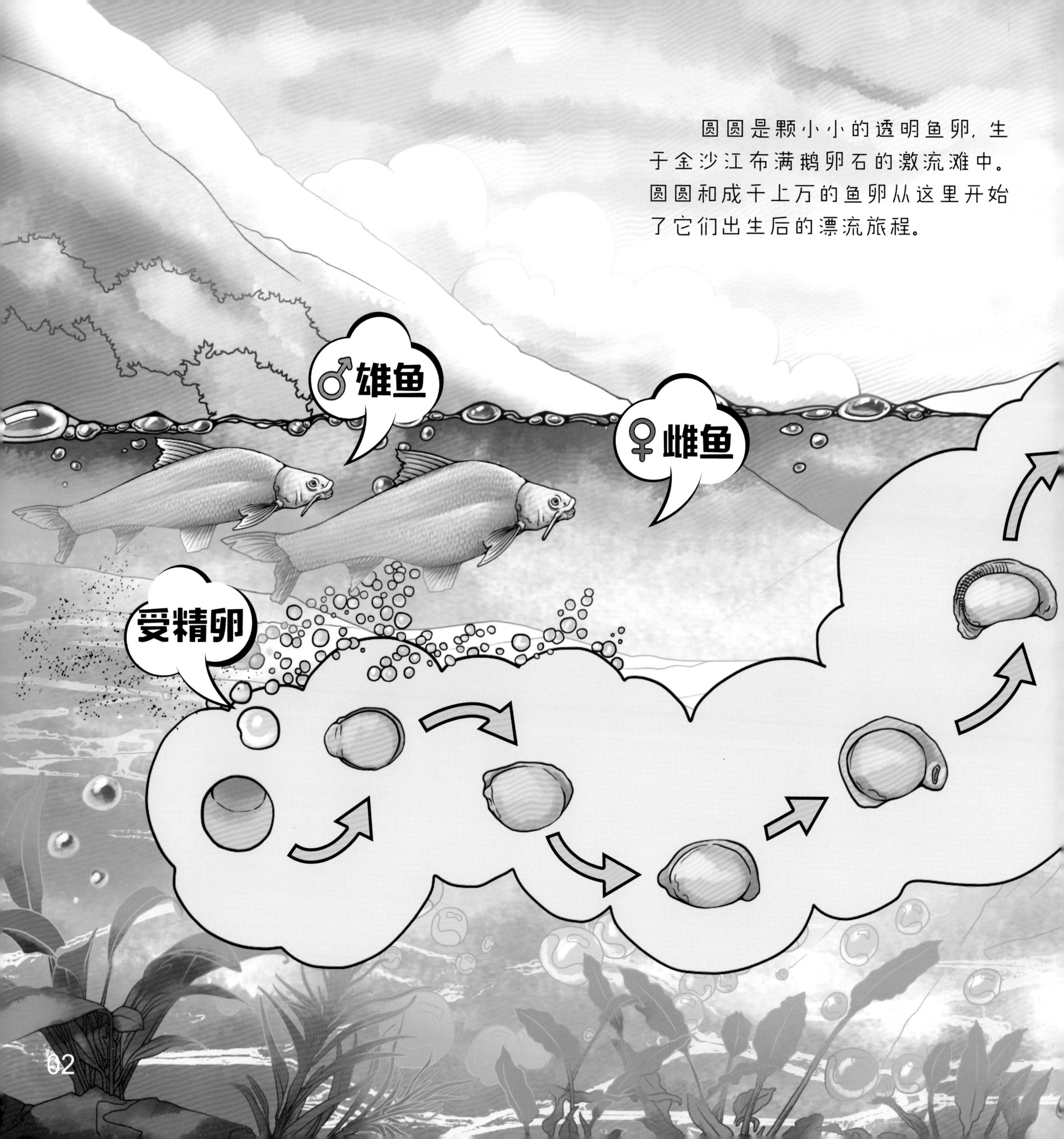
圆圆是颗小小的透明鱼卵，生于金沙江布满鹅卵石的激流滩中。圆圆和成千上万的鱼卵从这里开始了它们出生后的漂流旅程。
♂雄鱼
♀雌鱼
受精卵

它们中只有极少数的幸运儿能在激流中孵化长大，圆圆会是那个幸运儿吗？

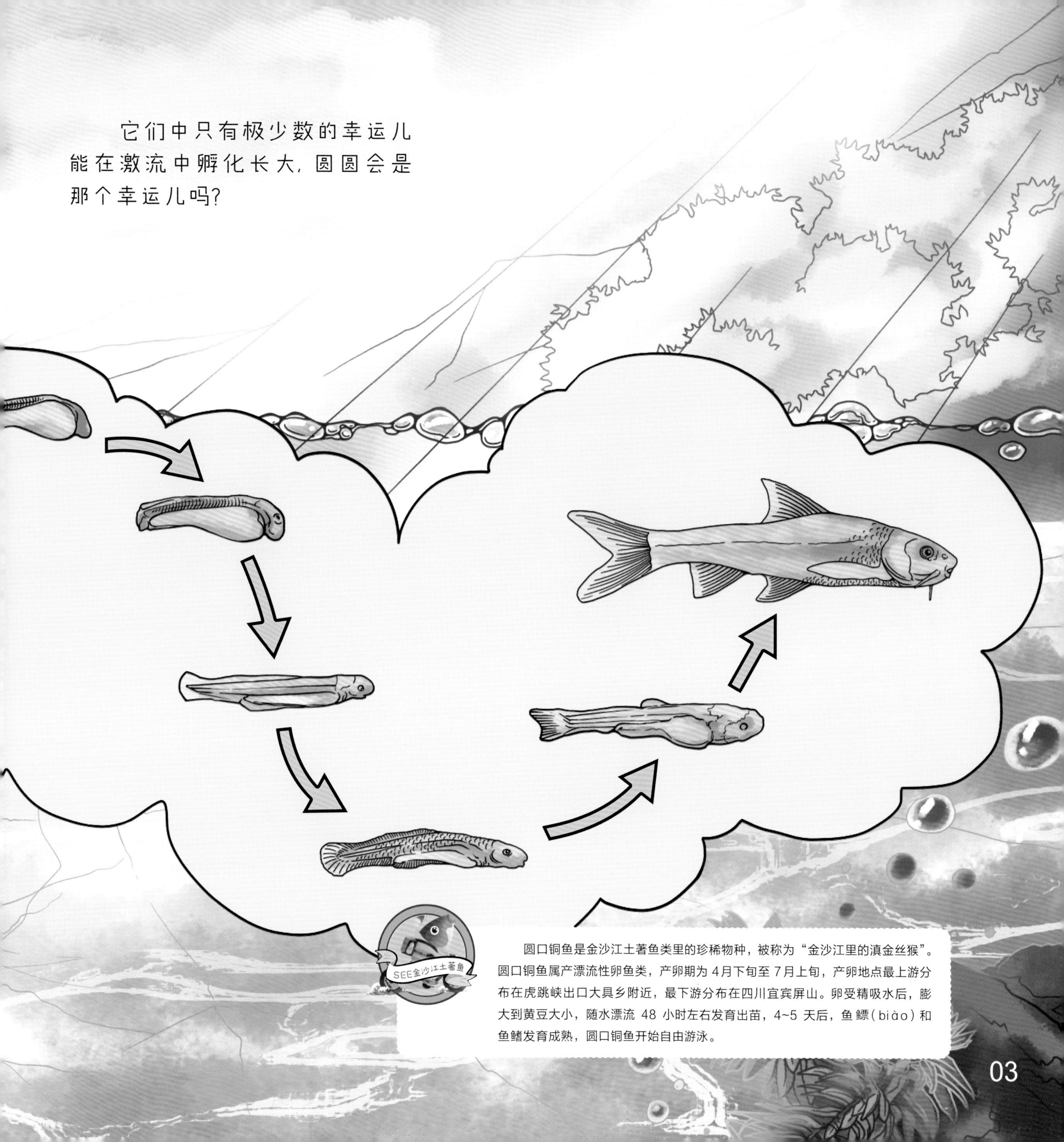

圆口铜鱼是金沙江土著鱼类里的珍稀物种，被称为“金沙江里的滇金丝猴”。圆口铜鱼属产漂流性卵鱼类，产卵期为4月下旬至7月上旬，产卵地点最上游分布在虎跳峡出口大具乡附近，最下游分布在四川宜宾屏山。卵受精吸水后，膨大到黄豆大小，随水漂流48小时左右发育出苗，4~5天后，鱼鳔（biào）和鱼鳍发育成熟，圆口铜鱼开始自由游泳。

圆圆在江水中迅速吸水膨胀，撑开卵膜，随着金沙江激流翻滚漂流，发育成鱼苗。长出鱼鳔的圆圆尝试在浪头上跳舞，感受着周围新奇的一切。

突然，一条大鲤鱼大嘴一张，把圆圆身边的兄弟姐妹吞食了大半。恰巧激起的旋涡卷走了圆圆，救了它一命。

鲤鱼、鲫鱼这些杂食性鱼类在觅食的过程中常常掠食鱼卵、鱼苗，是金沙江土著鱼类鱼卵、鱼苗的“头号杀手”。革胡子鲶、清道夫等外来鱼类，因盲目放生和引种被投入到金沙江中下游高海拔的河流湖泊，也是金沙江土著鱼类鱼卵、鱼苗的“潜在杀手”。

逃命！

圆圆继续顺着江水往下漂去，一路战战兢兢，它尝试用鱼鳍(qí)调整身体和方向，划动着刚伸出来的鱼鳍，把渐渐拉长的身子潜游到湍急水流的下层，躲避各种凶恶的大鱼。

一天，圆圆正围着一个小旋涡打转转，独自摆弄着新长出的尾鳍。身边突然游来一波又一波的小鱼。圆圆在小鱼群里来回穿梭着，惊奇地打量着它的新伙伴，有和它一样的圆口铜鱼，也有鲫、鲢、鯮(zōng)鱼、鳤(guǎn)、团头鲂(fáng)、银鮈(gù)、马口鱼、泥鳅，还有黄颡(sǎng)鱼、鲶、鳝、中华鲟、鳗鲡(mán lí)、鳜鱼等没见过的鱼。

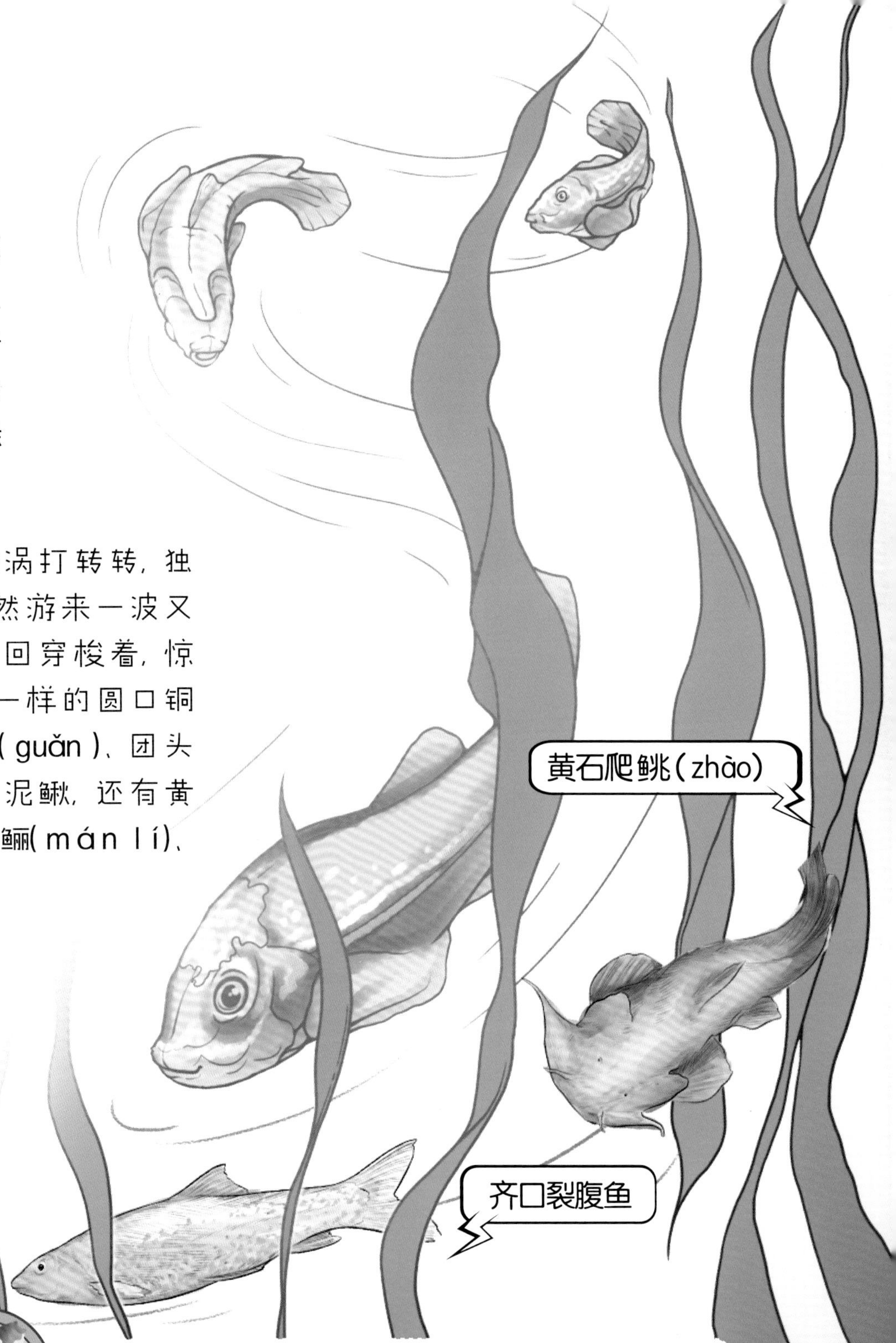

黄石爬鮡(zhào)

齐口裂腹鱼

SEE金沙江土著鱼

金沙江中下游建有8个鱼类增殖放流站。增殖放流就是把人工孵化培育好的珍稀濒危鱼苗投入临近河段，维持江河中鱼类种群数量。改善并修复因捕捞过度或水利工程建设等而遭受破坏的生态环境，是保持江河生物多样性的一项有效手段。

漂流途中，圆圆又结识了胭脂鱼、铜鱼、长鳍吻鮈(jū)、长薄鳅、中华金沙鳅、犁头鳅和中华沙鳅等小伙伴。新伙伴们结伴欢快地继续着往东南的旅行，它们的目的地是温暖且食物丰富的长江中游水域。

突然，江里耸起一座高高的大坝，挡住了去路。

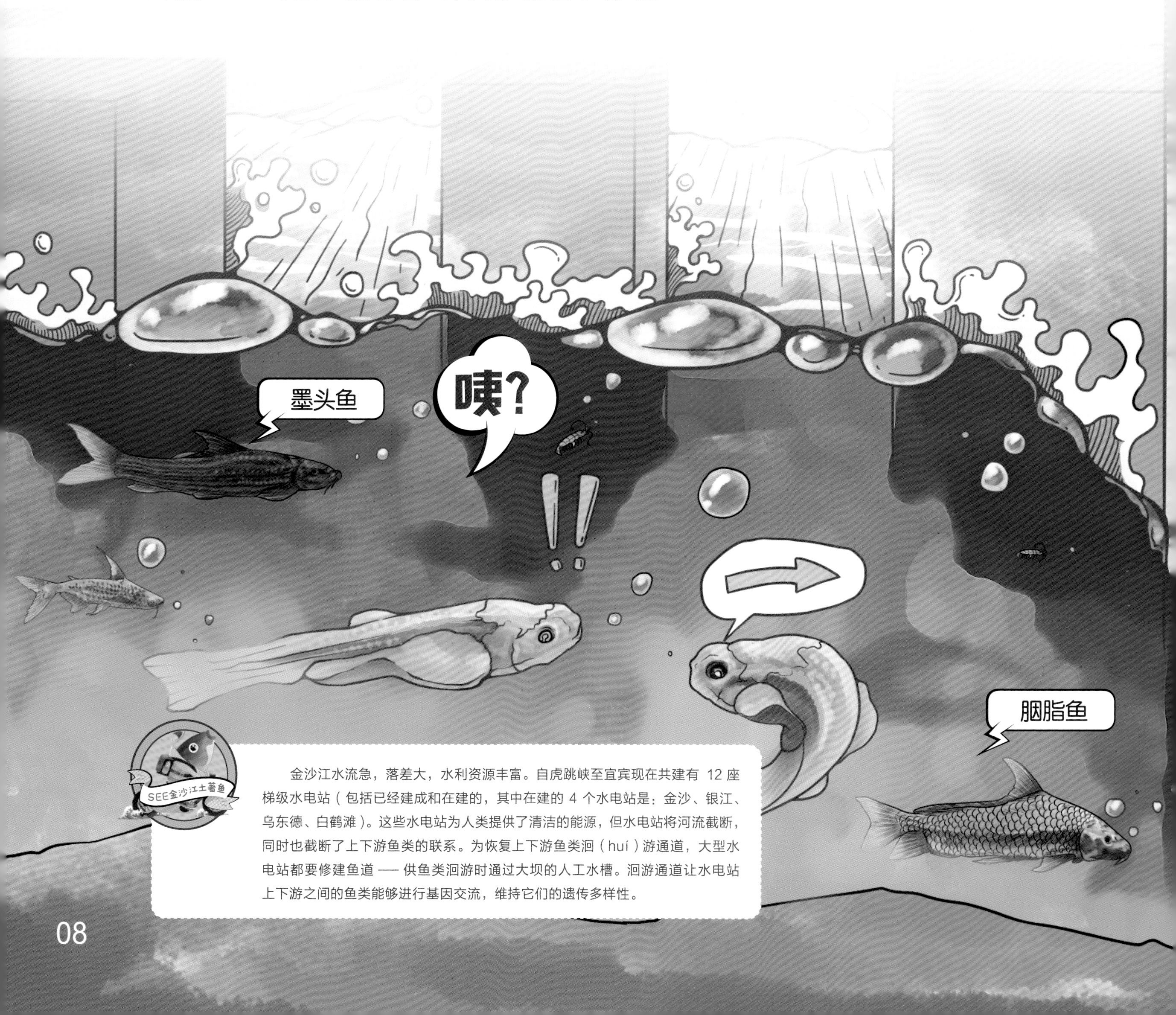

金沙江水流急，落差大，水利资源丰富。自虎跳峡至宜宾现在共建有 12 座梯级水电站（包括已经建成和在建的，其中在建的 4 个水电站是：金沙、银江、乌东德、白鹤滩）。这些水电站为人类提供了清洁的能源，但水电站将河流截断，同时也截断了上下游鱼类的联系。为恢复上下游鱼类洄（huí）游通道，大型水电站都要修建鱼道——供鱼类洄游时通过大坝的人工水槽。洄游通道让水电站上下游之间的鱼类能够进行基因交流，维持它们的遗传多样性。

“要游过大坝吗？跟我来呀！”一条路过的小鲫鱼说。大伙跟着它，从一个长长的滑梯里快速地冲了下去。

“太刺激了，我还想再来一次！”

“从这往下还有很多座大坝，要找到这样的滑梯哦！这是鱼儿们过大坝的贵宾通道！”

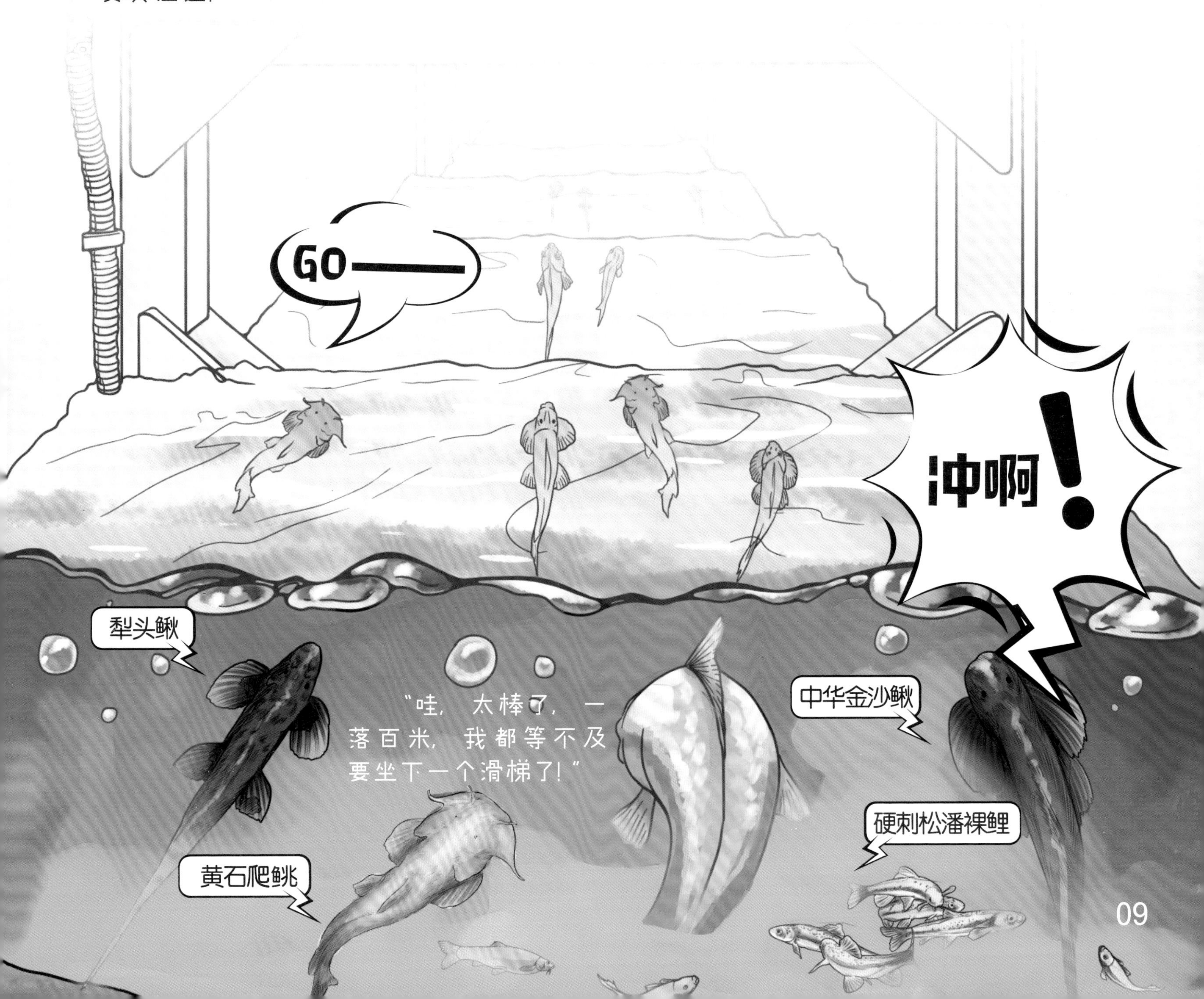

历经了几个月新奇、惊险的旅程，圆圆已经漂流了3000多千米，它的身体长大了，发育出适合在激流中游动的流线条型。

它通过了好多大坝滑梯，每段旅程都有小伙伴向它告别，它们有些决定在途中的江河、湖泊、水库里停留，留在金沙江段生活，它们是定居性鱼类。比如金沙鲈鲤、短须裂腹鱼、长丝裂腹鱼、齐口裂腹鱼、细鳞裂腹鱼、小裂腹鱼、四川裂腹鱼、泉水鱼、墨头鱼、高原鳅。

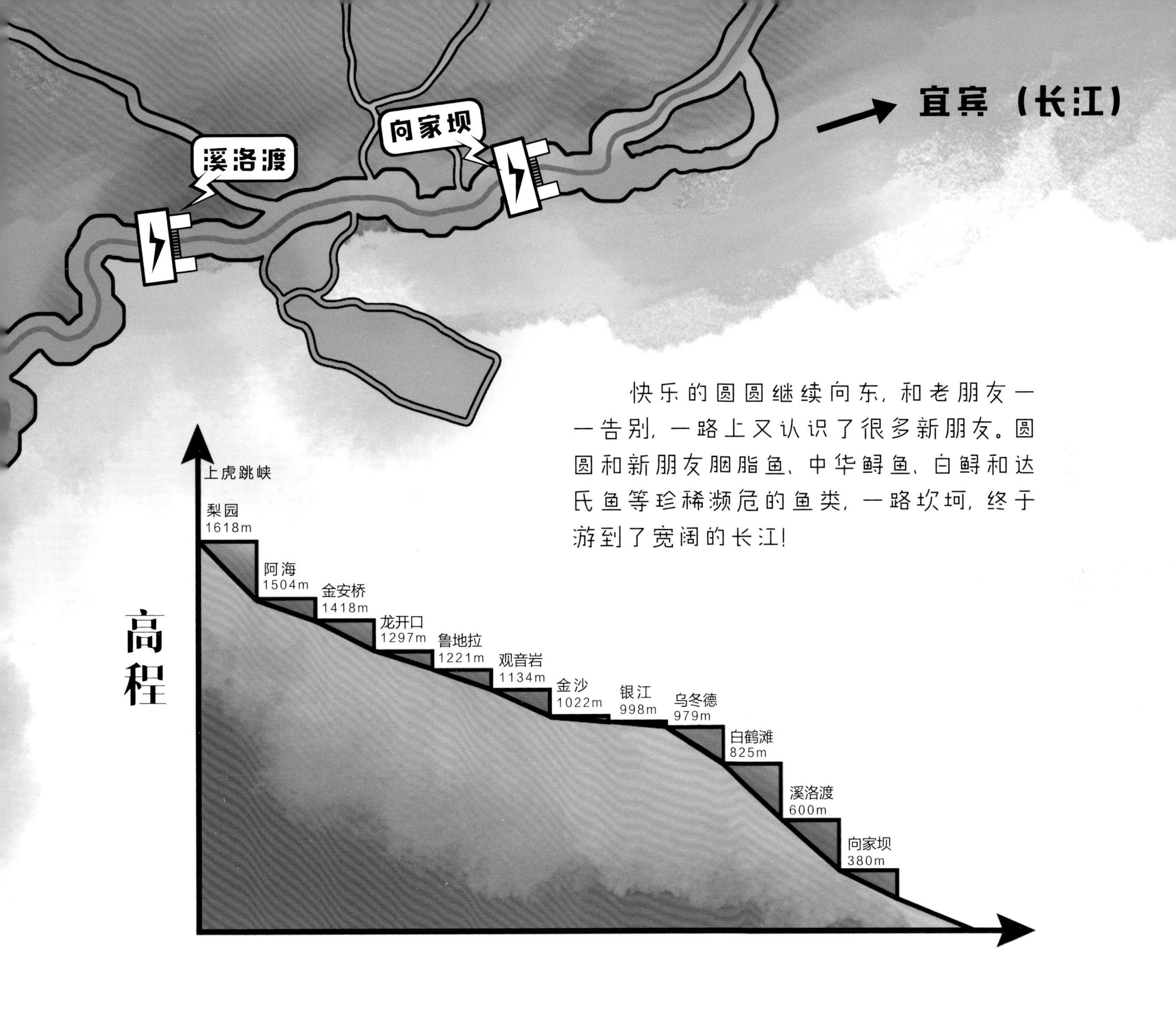

快乐的圆圆继续向东，和老朋友一一告别，一路上又认识了很多新朋友。圆圆和新朋友胭脂鱼、中华鲟鱼、白鲟和达氏鱼等珍稀濒危的鱼类，一路坎坷，终于游到了宽阔的长江！

金沙江流经青、藏、川、滇 4 省区，全长 2331km，流域面积 34 万 k㎡，落差达 3300m（竺可桢，1981）；玉树至石鼓为上段（长 984km，平均比降为 1.75%）；石鼓至攀枝花为中段（长 564km，平均比降为 1.48%）；攀枝花至宜宾为下段（长 783km，平均比降为 0.93%）。

三年后，圆圆长成了大鱼，人们把身披金色鳞甲的圆口铜鱼亲切地叫作金鳅子、水密子、胡子鱼、老母猪鱼。

圆圆已经是一个经验丰富的战士，在江底水流湍急的地方学习谋生。它食性杂，以水生昆虫、软体动物、植物碎片、鱼卵和鱼苗等为食。

一天，远远地寻着食物香味来到了靠近水面的地方，圆圆看到其他鱼争先恐后地抢食着漂浮在水面的食物。刚想冲过去大饱口福，忽然看到银光一闪，一个大大的渔网突然收紧，抢食的鱼儿都在网中拼命扑腾。圆圆幸运地从网底逃离。

另一个夜里，圆圆睡意朦胧间，突然看到前面一道白光闪过。

“快躲开，是电鱼器！”身边游过来一条大鱼喊道。

幸好圆圆习惯在江底深潭活动，水底岩礁帮它避过了那道电光。

惊恐中，圆圆看到很多鱼儿翻起肚皮漂到水面，连那些平日凶猛的大鱼都不能幸免于难。

圆圆又逃过一劫！

过度捕捞、非法捕捞和水体污染是长江中下游水域珍稀特有鱼类衰退、经济鱼类资源接近枯竭的主要原因。其中电鱼是对鱼类威胁最大的非法捕捞方式。

在温暖的长江里不断游弋生长，圆圆也要做妈妈了。当它肚子里有了鱼卵后，它知道该启程往回游了，游到它出生的地方，像妈妈那样，把鱼卵产在水流湍急的金沙江中下游。

鱼类洄游，是指鱼类因生理要求、遗传和外界环境因素等影响，进行周期性的定向往返移动。洄游是鱼类对环境的一种长期适应，它能使种群获得更有利的生存条件，更好地繁衍后代。在自然流态环境下，金沙江圆口铜鱼产卵场需要 200~300 千米长的流水区域。

圆圆洄游的路并不轻松，路途遥远，它不敢耽误时间，日夜兼程。一路上遇到很多和它一样要洄游产卵的同伴。结伴而行让圆圆心里安稳多了，它想它一定能够回到妈妈生下它的那个地方——激流涌滩的金沙江。

长江水系现有鱼类 400 余种，其中纯淡水鱼类 350 种，淡水鱼类之多居全国各水系之首。除此之外，还有 10 多种河海洄游性鱼类，中华鲟 、白鲟、达氏鲟、胭脂鱼、铜鱼、鲥（shí）鱼 等7 种为溯河洄游性鱼类，鳗鲡、松江鲈等 3 种则为江河洄游性鱼类。

土著鱼保护
长鳍吻鮈
铜鱼

咕噜咕噜——
小裂腹鱼
硬刺松潘裸鲤
长薄鳅

圆圆又到了大坝，它还依稀记得当年它从一个个鱼道一路顺流飞滑下来惊险刺激的感觉。

可现在要逆流越过大坝，就成了不可能完成的任务。圆圆在大坝外失落地一次次转圈，产卵期一天天临近，它该怎么办？

鱼道、鱼闸、升鱼机、集鱼船和网捕过坝等方式，是帮助洄游鱼类通过水电站大坝的设施。但实践表明，鱼道适用于低、中水龙头水利枢纽，对不同鱼类的效果不一。在建有高坝或梯级开发的河流上，目前依靠过鱼设施还难以有效地解决鱼类洄游及其资源保护的问题。目前大多采用鱼类人工繁殖放流，或利用坝下的天然产卵场或人工产卵场（渠）进行鱼类增殖等方式进行保护鱼类资源保护。

白鲟
中华鲟

忧心忡忡的圆圆遇到了一条年长的圆口铜鱼，它告诉圆圆：“我也是出生在金沙江中游，后来游到这里回不去了，就在这附近产卵了，我的后代在这里也孵化长大了。”

顺着它的指引，圆圆与它的伙伴找到了江底水流涌动的鹅卵石滩地，产下了它的第一批鱼卵。这些鱼卵将在水中受精，发育成鱼苗。几万个透明的鱼卵从这里开始了它们一生的漂流，带着圆圆的希望和祝福。

各种鱼类对产卵场的要求比较严格，如水温、水流、水质、光线及附着物等。在有利于鱼类的繁殖及其后代胚胎发育的地点，鱼类会大批群集进行繁殖，就形成了产卵场。这是鱼类在长期生存过程中适应环境的结果。

图书在版编目（CIP）数据

SEE金沙江土著鱼 / 谭德清, 萧今编著 ; 柏松, 施念璐绘. -- 昆明 : 云南科技出版社, 2021.8

（SEE诺亚方舟生物多样性保护丛书 / 萧今主编）

ISBN 978-7-5587-3630-8

Ⅰ. ①S… Ⅱ. ①谭… ②萧… ③柏… ④施… Ⅲ. ①金沙江流域—淡水鱼类—普及读物 Ⅳ. ①Q959.4-49

中国版本图书馆CIP数据核字(2021)第161292号

SEE金沙江土著鱼

SEE JINSHANG JIANG TUZHU YU

谭德清　萧　今　编著 / 柏　松　施念璐　绘

出 版 人：温　翔
策　　划：高　亢　刘　康　李　非　胡凤丽
责任编辑：张羽佳　唐　慧　王首斌
封面设计：长策文化
责任校对：张舒园
责任印制：蒋丽芬

书　　号：ISBN 978-7-5587-3630-8
印　　刷：昆明亮彩印务有限公司
开　　本：787mm × 1092mm　1/12
印　　张：2
字　　数：140千字
版　　次：2021年8月第1版
印　　次：2021年8月第1次
定　　价：39.90元

出版发行：云南出版集团　云南科技出版社
地　　址：昆明市环城西路609号
电　　话：0871-64192760